MATEMATIK

Förenkla
är
Lös

Marcos Cervantes Janssen

Första upplagan: 15 oktober 2022

upphovsrätt© 2022 Marcos Cervantes Janssen

Redigerad av redaktionsbrev@dagen

https://www.facebook.com/LETRA3ROJA

https://www.newtek.janssen@gmail.com

https://payhip.com/letra33roja

https://newtekjanssen.es.tl/

letra3roja@gmail.com

MATEMATIK

Förenkla är Lös

För: Marcos Cervantes Janssen

INDEX:

FÖRORD:

Det sägs att matematik är en exakt vetenskap, men en sann matematiker vet vad flyttal betyder, negativa tal och bråkens värld.

Likaså är förenkling och medelvärde bara verktyg för att undvika att gå vilse i denna underbara värld av oändliga resultat, av denna anledning kommer matematik alltid att vara progressiv, på väg mot en punktlig lösning.

Matematik är lösnings kraften för verkliga problem, genom skrivna siffror som korrekt representerar varje rörelse av problemet som ska lösas.

Matematik är drag och penseldrag av en målning med oändliga detaljer, en målning av vår existerande och existentiella verklighet, alltså ett verktyg som använts sedan början av vår historia.

Genom ord förkroppsligas och på så sätt skrivna idéer, de bevarats i generationer, så att de genom siffror, former och deras existentiella förnuft består i vår kultur, på samma sätt som de kan studeras djupare, ärvas för att fortsätta njuta av hans obegränsade kunskap , i detta vårt universum är det utan tvekan matematiskt. På så sätt kommer i denna skrift att avslöjas ett logiskt resonemang genom vilket siffrornas betydelse manifesteras, vilket fullbordar skrivningen av den existentiella formen, att på detta sätt att all skrift exponeras, som frukt av tankar och rationell logik, likaså Även grammatik, liksom logik, innebär lagar och regler som alltid har varit naturligt uppfattade.

Det är upptäckten av vår matematiska natur som bländar stora möjligheter till konstant upplösning.

FORMEL:

Varje instruktion som definierar en lösning och som är vederbörligen skriven systematiserar effektivt processen, som kan replikeras med den precision som krävs för varje fråga.

Detta förfarande med dess komponenter, som presenterar en definierad lösning, är förenklat.

Redan i deras komplexa fall är de studie bara för förståelsen av problemet som ska lösas, det är således att effektiviteten verkligen inte beror på graden av förenkling, mer om dess ökning i lösningsfrekvens.

På så sätt är det viktigaste inte längden utan precisionen genom införandet av numret större antal okända, vilket kommer att öka lösningen och dess förväntade resultat bli mer effektivt.

EKVATIONER:

Ekvationerna är en uppsättning formler, som innehåller en mängd okända, kallade variabler, dessa är de som representerar var och en av delarna av ett problem eller en situation som tas upp beroende på fallet.

Detta hänvisar till olika handlingar, som är jämlika, den ena från den andra, på så sätt är det att namnet härleds, kallar EKVATIONER.

Ekvationen är inte en lösningsformel för ett isolerat problem, ekvationen tar en mängd okända, som är lösningar till varandra, alltså betecknar vi hur varje okända är en partner i lösningen som helhet, därför delas en lösning ofta av olika problem, och en ekvation ett system.

VARIABLER:

De är elementen vars värde inte är definierat för tillfället, mer genom matematik är när värdet som motsvarar varje variabel hittas, så ekvationen, genom motsvarande formler och procedurer, avslöjar värdet av varje variabel, låt oss komma ihåg betydelsen av variabler som enskilda och viktiga delar, för en fullständighet.

Varje variabel är i sig själv, viktig och unik, i ännu högre grad när den finns i ett system för inkludering av individer, det är så varje variabel blir en viktig partner i ekvationen, att hitta värdet på variabeln är den punktliga lösningen, variabeln i sig är en konstant men på ett okänt sätt, vilket kräver en upplösningsprocess för att avslöja dess verkliga värde i ekvationen.

KONSTANT:

En konstant är ett värde som bestäms av något stabilt fenomen, detta är mycket användbart eftersom det är ett redan känt element, så ekvationen kommer att ha en början, en konstant, varför den är en grundläggande grund för att lösa i matematik.

Konstanten är motsatsen till variabeln, konstanten är given av naturen och dess redan etablerade lagar, upptäckta genom historien av människan; Konstanterna är definitionen av läget och formen, som utan någon plötslig förändring ger stabilitet, kunskap, till strukturen. Men precis som vår existens funktion, ett exempel på en konstant är talet pi, också varje naturligt tal är en konstant, eftersom till exempel 3 alltid kommer att vara värt tre, detta i den situationen att detta, konstanterna finns i allt .

MEDEL:

Genomsnittet är ett resultat av olika situationer, i ett medelvärde, som samlar alla värden runt en som representerar dem. Som en vanlig approximation är medelvärdesberäkning en lösning för försoning mellan farliga ytterligheter.
Ordet genomsnitt betyder att vara för genomsnittet, nykterhet är inte detsamma som ljumhet, alla dessa begrepp, även om de för oss tycks vara matematiska, avslöjar för oss matematikens universella natur i mänskligt liv och existens, så ämnet för matematik berör oss i denna uppsats som hänvisar till **Allt** och inte bara siffror.

Genomsnittet är vem som representerar en stor grupp av olika enheter, är vem som mäter den centrala tendensen, med vilken ett för stort och spritt system kan ha identitet för att bli känt, analyserat och förstådd.

TOLERANS:

Kallas även felmarginal, ju mindre tolerans, desto större noggrannhet eller perfektion, på samma sätt spelar flexibilitet en roll i tolerans, flexibla system har en tillräcklig procentandel av tolerans, för efterlevnad och inte bristning av en specifik process, detta utan att ge upphov till upplösningen eller förstörelsen i dess helhet, på grund av okontrollerad splittring.

Tolerans är avgörande för att lösa problem på ett snabbare sätt, eftersom med marginaler för att lösa rörelse, kan de möjliga lösningarna redan skymtas i förväg, medan olika lösningar redan är en parameter för framsteg till den sista lösningen, det är så tolerans tillåter en glimt av lösningen i förväg, varje problem har alltså en mängd olika vägar för ett enda slutligt svar.

JÄMN OCH UDDA:

Tal delas för det första in i två stora grupper, positiva och negativa, för det andra är de jämna och udda, så på detta sätt har vi att ett jämnt tal är symmetriskt i sin division, det är också att det i sin division alltid resulterar i tal heltal, på tvärtom, de udda när de delas i två ger bråk som resultat, som i sig innehåller den så kallade toleransen beroende på decimalerna de innehåller, det är så de jämna delade i två, och de udda tar denna viktiga matematiska egendom i den analys som det innebär i nödvändiga operationer i varje situation, detta som naturliga funktioner.

Udda tal är så viktiga och nödvändiga på grund av deras delbara variation och deras balans i mer än två delar, eftersom de är balanserade multi länkar.

HELTAL OCH BRÖK:

"Alla heltal är rationella, det vill säga de kan uttryckas som ett bråk, även om inte alla rationella tal är heltal."

Rationella tal representeras i form av bråk och inkluderar alla tal som kan uttryckas som en division mellan två heltal.

Å andra sidan består bråk, som namnet anger, av en heltalsdel och en decimal. Bråk kan representeras på många sätt: , med en pluston .

Adderingen av heltal och bråk är en matematisk operation som utförs för att erhålla resultatet av additionen av två eller flera tal. Denna operation kan göras manuellt eller med hjälp av miniräknare.

NATURLIGA NUMMER:

Naturen hos naturliga tal är mycket intressant. De kallas ofta "positiva heltal" eftersom de bara inkluderar positiva heltal. Men de inkluderar också noll. Därför kallas de ibland "positiva heltal och noll".

Naturen hos de naturliga talen är mycket enkel: de är alla tal som finns i sekvensen 1, 2, 3, 4, 5, 6, 7, 8, 9, 10, 11, 12, 13, 14, 15. . . och så vidare. Som du kan se börjar denna sekvens med siffran 1 och har ingen övre gräns; därför kan vi säga att de naturliga talen är alla de som finns i denna sekvens. från 1 och framåt.

Naturliga tal är så nödvändiga för ekvationer att de måste inkluderas i nästan varje ekvation.

Naturliga tal: en introduktion De naturliga talen är positiva heltal, det vill säga talen 1, 2, 3, 4, 5, och så vidare. De kan användas för att räkna saker eller mäta mängder. Till exempel kan vi räkna hur många personer som är i ett rum med hjälp av heltal. Vi kan också mäta längden på en tabell i meter eller centimeter med hjälp av naturliga tal.

De naturliga talen kan representeras på olika sätt, till exempel med bilder eller symboler. I detta dokument kommer vi att använda symboler för att representera de naturliga talen. De vanligaste symbolerna för att representera de naturliga talen är siffrorna från 0 till 9 (till exempel representeras 3 som "3").

PRIMTAL:

Primtal är de tal som bara kan delas med sig själva och enhet. Det vill säga, de kan inte delas med något annat tal. Till exempel är talet 7 ett primtal, eftersom det bara kan delas med sig självt (7) och enheten (1). Å andra sidan är talet 6 inte ett primtal, eftersom det kan delas mellan 2 (3 gånger), 3 (2 gånger) och 6 (en gång). ETT PRIMTAL över: . Med en självsäker ton.

Primtal är tal som kan delas med ett enda tal. Till exempel är 2 ett primtal eftersom det bara kan delas med ett. Dessutom är 0 ett primtal eftersom det inte kan delas. Många kända saker i matematik och i världen har gjorts med primtal. Exempelvis är talsystemet i elektroniska kretsar och digitala klockor baserat på primtal. Primtal är också viktiga för kryptering, som används för att skydda data i många fall.

Det första primtalet är känt som 0 och har bara en faktor: sig själv. Då trodde man att 0 var det mest grundläggande elementet. Faktum är att de gamla grekerna ibland kallade 0 för tomhet eller frånvaron av något. Med tiden upptäckte folk att 0 faktiskt är en siffra och inte bara en bokstav, så det är intressant att se hur vår förståelse av siffror har förändrats. Eftersom 0 var det första primtalet är det en symbol för principer och faktorer.

Det finns dock många faktorer som kan användas för att dividera dessa tal. Dessutom är dessa tal mycket vanliga: nästan alla känner till minst tre primtal. Till exempel är 3 ett primtal eftersom inget tal kan delas exakt med 3 utan att lämna en rest. Därför är 3 ett idealiskt primtal av många anledningar, som att orsaka geometriska former eller vara en del av naturlagar som gravitation.

Det vanligaste primtalet är 3 och det tros vara Guds tal. Den katolska kyrkan har sina kors i 3 på balkarna i sin heliga byggnad. Dessutom finns tretton punkts frukten med 3 frön i var och en av sina former och tre frön med 3 spetsar i vart och ett av sina frön. Mångfalden av siffrorna 3 tros vara andens gåva av den anledningen att han sa "Anden utgår från Ordet och Ordet är siffror." Därför är mångfalden av den gudomliga Anden densamma som gudomligheten själv eller siffran 3.

IMAGINÄRA NUMMER:

Imaginära siffror är ett begrepp som är svårt att förklara för andra. Ett tal är verkligt om det finns i rum och tid, men imaginärt om det inte gör det. Imaginära siffror är en del av matematiken, som är ett sätt att tänka och kommunicera. Siffror används inom alla livets områden och har många praktiska tillämpningar. Till exempel använder datorer siffror för att utföra beräkningar och läkare använder dem för att kartlägga människans anatomi. Utan imaginära siffror gör den moderna världen det inte skulle jobba som det gör.

Alla tal är imaginära, alla är baserade på oändlighet. 8 är det första imaginära talet; det kallas i och representerar talet 1. Många fler läggs till för att skapa andra tal. Siffran 8 representeras av bokstaven 'i' eftersom det ser ut som den stora bokstaven 'I'. Imaginära siffror kan användas för att representera stora mängder data. De är särskilt användbara när man hanterar matematiska och vetenskapliga ekvationer. Även om de inte är verkliga, har imaginära siffror hjälpt mänskligheten oerhört.

8 har speciella egenskaper jämfört med de andra sju imaginära talen. Det är positivt och oändligt. Alla andra tal är negativa eller ändliga, vilket betyder att de har ett slut. Dessutom är siffran 8 jämnt; alla jämna tal är positiva och oändliga också. Även om de inte är verkliga, har 8:an många applikationer i den moderna världen.

Även om imaginära tal inte är verkliga, är de fortfarande ett problem när man arbetar med matematik. Att arbeta med 0 eller 1 är inget problem eftersom de inte existerar i rum eller tid. Det kan dock vara svårt att lägga till eller subtrahera imaginära tal. Att lägga till 0+0=0 är enkelt eftersom 0 finns i rum och tid. Å andra sidan går det inte att lägga till ett oändligt tal som 8 eftersom oändlighet inte heller existerar i rum eller tid. Därför är det bättre att fortsätta arbeta med reella tal när man adderar eller subtraherar imaginära tal. Om det gör det, gör det inte kommer att begå resultatet inte ett dugg, men det kommer att göra processen mycket lättare.

Imaginära siffror är en integrerad del av matematiken och hjälper mänskligheten oerhört mycket utan att någonsin vara verkliga. Därför bör alla veta hur man använder dem. Siffror finns överallt i samhället; därför är imaginärt också nödvändiga. Originalitet är nyckeln när man skapar nya idéer; utan dem skulle mänskligheten inte vara där den är idag.

OÄNDLIGA TAL:

Oändligt antal är ett uttryck som används för att beskriva oändliga mängder tal. Den introducerades av Georges Eugene Edouard Lemaître 1918 som ett svar på Einsteins relativitetsteori. Enligt Einstein är antalet oändliga tal detsamma som antalet oändliga partiklar i universum. På det sättet är det oändliga antalet ett begrepp som illustrerar matematikens komplexitet och gränserna för mänsklig förståelse.

Noll är ett namnlöst tal. Den representeras av bokstaven "x" och används för att initiera många talsystem. Till exempel, inom astronomi har de grader, minuter och sekunder. I kemi har du mol, gram och kilogram. Inom teknik har du bultar och tum. Den huvudsakliga användningen av noll är att förenkla matematiska uttryck och beräkningar. Det används dock även i finänsiella transaktioner för att hålla reda på sparkonton och banksaldon.

Som du kan föreställa dig, att lägga till fler nollor till ett nummer gör det större, numeriskt sett. Tal med fler nollor kallas de största eller högsta oändliga talen.

Till exempel: 1 000 000 är ett oändligt tal större än 999 999 eftersom det första talet har två nollor; 1 000 000 är en zeta plus en zeta; medan den senare bara har en zeta.

De högsta oändliga talen kan fortsätta för evigt eftersom de kan uttryckas med olika grundläggande talsystem.

Till exempel: 1 000 000 000 uttrycks med decimalsystemet med tio som bas talsystem, det betyder att det har 10 nollor (1 biljon).

Basta Systemet för högre oändliga tal kan också vara oändligt; detta gör att Base Infinite Number System (BINS) kan hantera mycket stora tal.

Alla matematiker är inte överens om vad gränsen bör vara för högre oändliga tal; vissa säger att det inte finns en.

Detta beror på att när man överväger större grundläggande talsystem, som hexadecimala (16) eller oktala (8), finns det inga gränser för hur stort ett oändligt tal kan bli. Dessutom finns det ingen gräns när man överväger alla möjliga naturliga tal (från 0 till oändligt).

Det betyder att det inte finns någon gräns för hur många saker som finns i universum, eller hur mycket information eller kunskap vi har om den informationen.

Även om vår förståelse av dessa oändliga storheter är begränsad, har vi fortfarande visat att matematik är ett viktigt verktyg som används i hela samhället.

De oändliga talen är svar på teorierna om kosmiska proportioner som föreslogs av Albert Einstein i början av 1920-talet. Han trodde att rymden består av ett oändligt antal oändligt små partiklar.

Även om vi inte kan förstå oändligheten, fortsätter matematiken att bevisa sitt värde i vardagen. Oändliga mängder hjälper människor att konceptualisera och beräkna stora mängder data och information.

Även om vi fortfarande upptäcker många applikationer för oändliga antal i våra dagliga liv, är de fortfarande fascinerande världar fulla av obegränsade möjligheter, utan gränser!...

EVIGHETEN FÖR DET ABSOLUTA ALLA

EPILOG:

Äntligen finner vi oss själva med det stora verktyget, som vår civilisation har utvecklats i århundraden, så idag insåg vi behovet av att fortsätta studera och fördjupa oss i alla områden av matematik, vi bör inte för ett ögonblick tro att sanningen är inom räckhåll, eftersom universum avslöjar för oss hur enorm och evig dess förståelse är, den matematiska förståelsens väg beror på övningen, tillsammans med utövandet av alla dess olika upplösning strategier.

Vi har fler och bättre rutiner som förenklar resultatet, likaså problemen, i varje era är helt olika, fler med samma behov som måste lösas och därmed utvecklas, praxis är alltid prioritet.

UNIVERSUM MANIFESTERAS I TAL, ENDAST FÖR DET RATIONELLA SINNET.

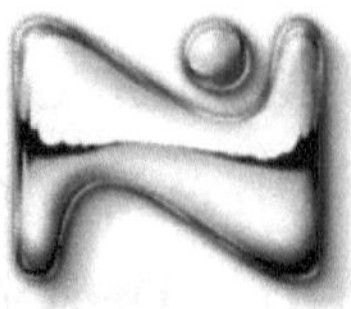

Hej, jag är forskare, skribent och kommunikationsingenjör, hela mitt liv har jag levt genom starka situationer, på alla sätt hoppas jag att ditt liv fortsätter att förbättras och att du utvecklas så mycket som möjligt, utökar din kunskap, ditt sinne och dina förmågor, jag vet att du kommer att stärka din vilja, jag är säker på att vi kan hitta ett sätt att utöka vår existens, jag vill alltid följa med dig, och tack på förhand, för att du ÄR

Det sägs att matematik är en exakt vetenskap, men en sann matematiker vet vad flyttal betyder, negativa tal och bråkens värld.

Likaså är förenkling och medelvärde bara verktyg för att undvika att gå vilse i denna underbara värld av oändliga resultat, av denna anledning kommer matematik alltid att vara progressiv, på väg mot en punktlig lösning.

Matematik är lösnings kraften för verkliga problem, genom skrivna siffror som korrekt representerar varje rörelse av problemet som ska lösas.

Matematik är drag och penseldrag av en målning med oändliga detaljer, en målning av vår existerande och existentiella verklighet, alltså ett verktyg som använts sedan början av vår historia.

ISBN 9798372619142